AF463557

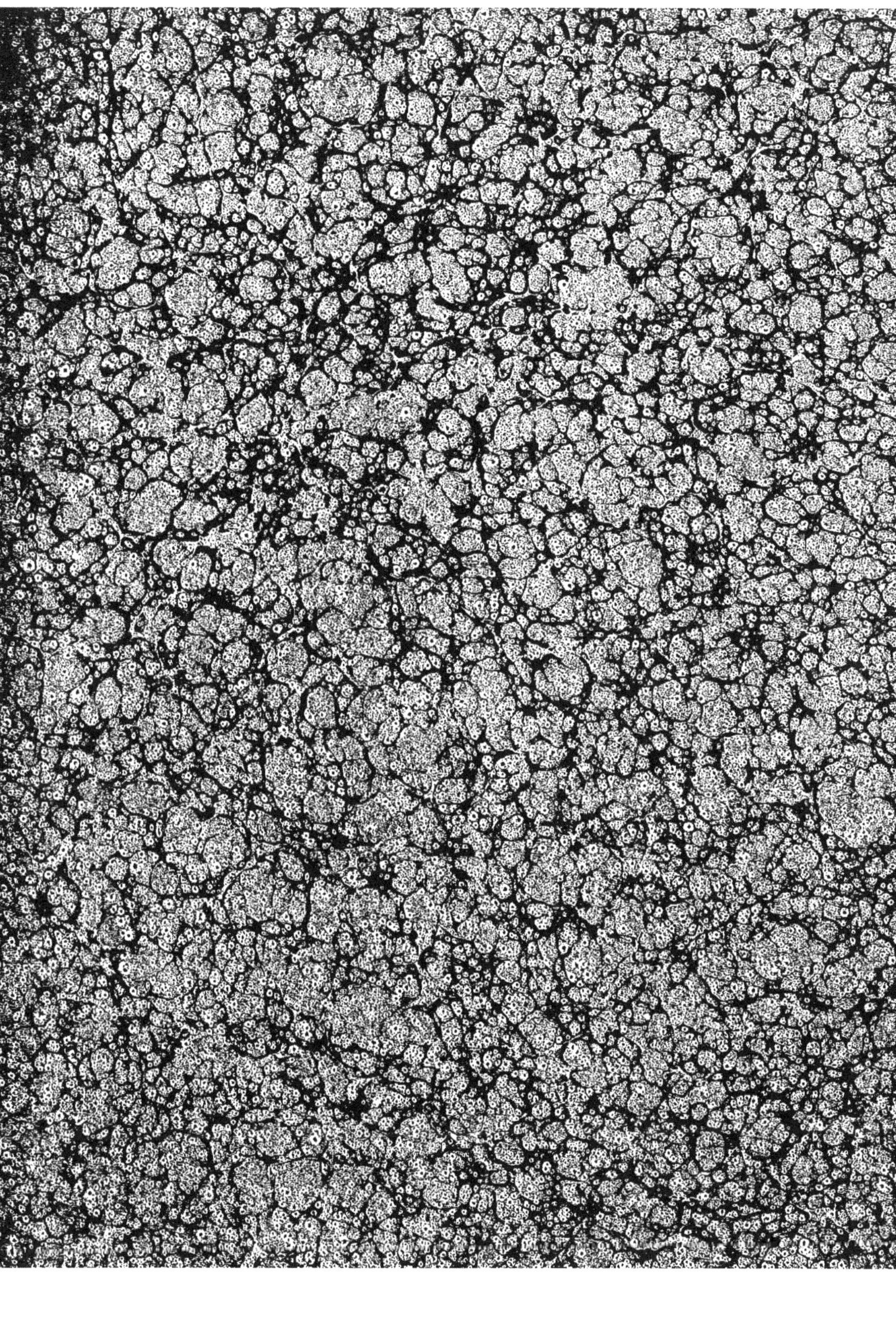

GUIDE

DU CHAUFFEUR.

ATLAS.

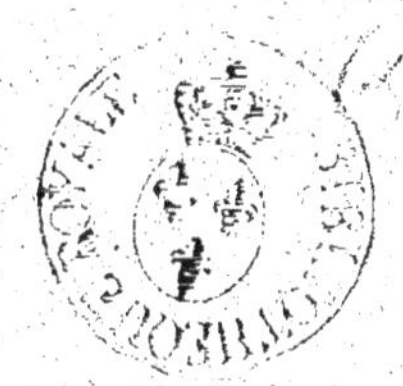

Paris,

MALHER ET COMPe, LIBRAIRES-ÉDITEURS, PASSAGE DAUPHINE.

1830.

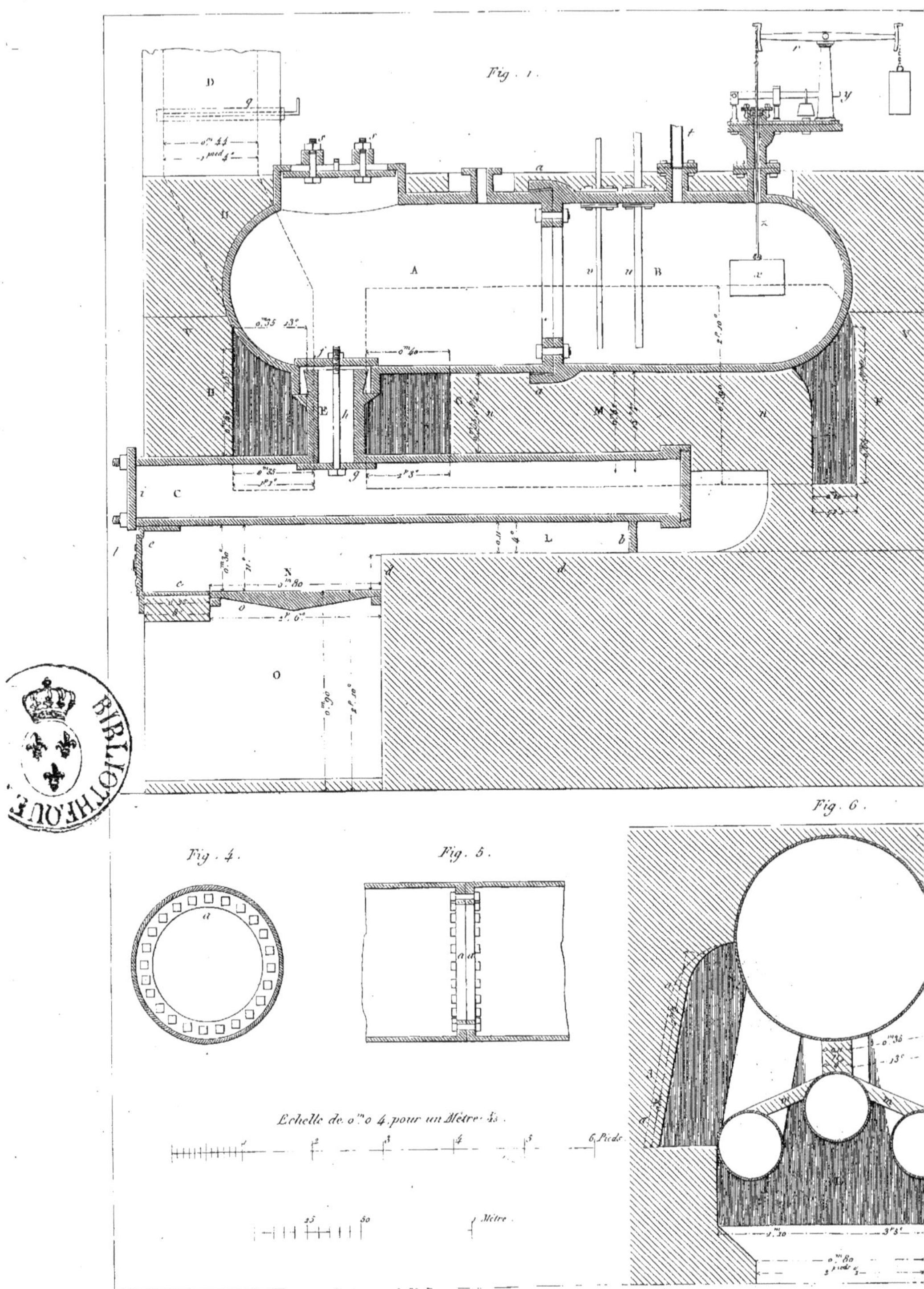
Fig. 1.
Fig. 4.
Fig. 5.
Fig. 6.
Echelle de 0m 0 4 pour un Mètre.
6 Pieds
Mètre
Dessiné par Grouvelle et Jaunez.

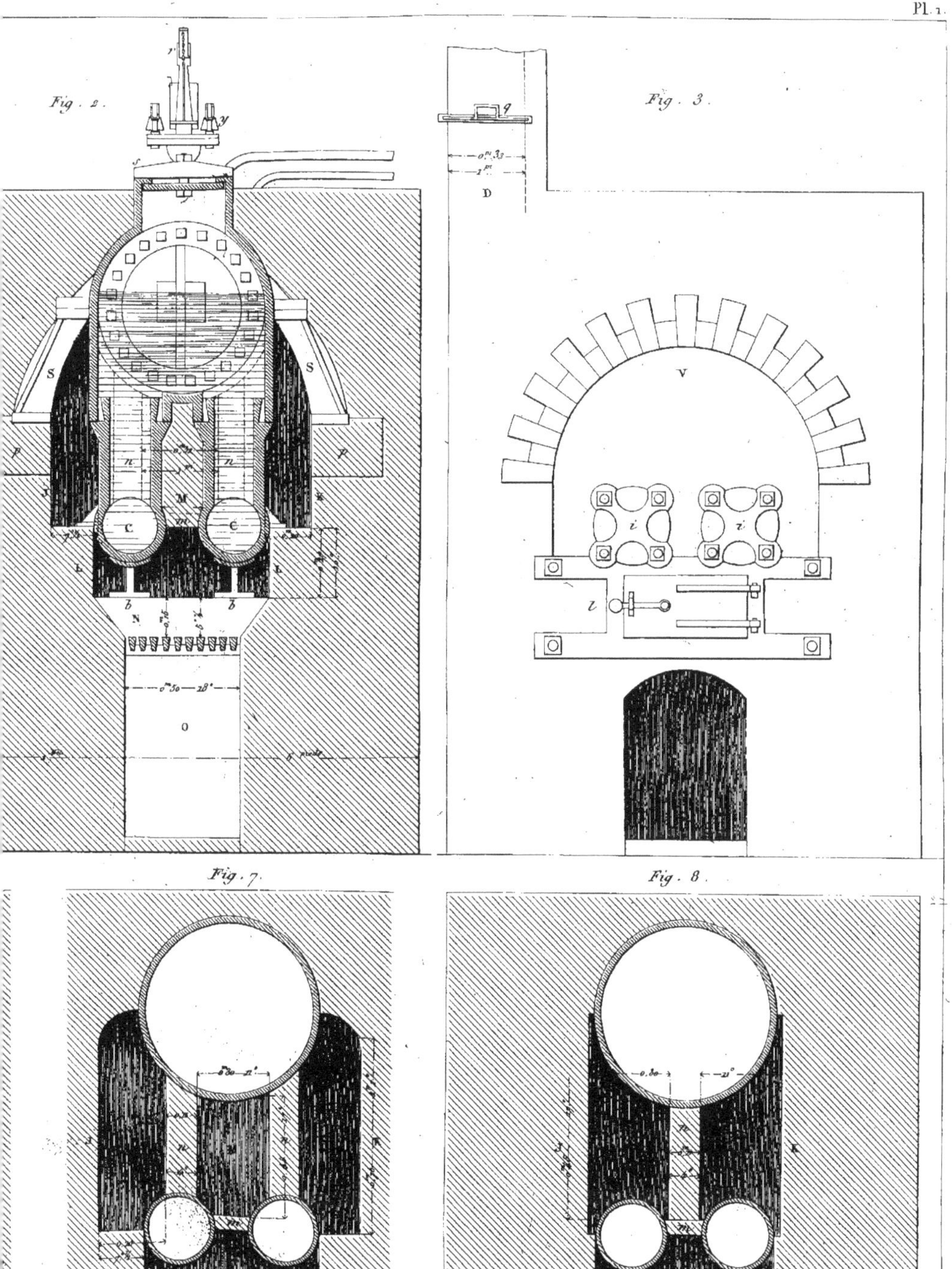
Fig. 2.
Fig. 3.
Fig. 7.
Fig. 8.

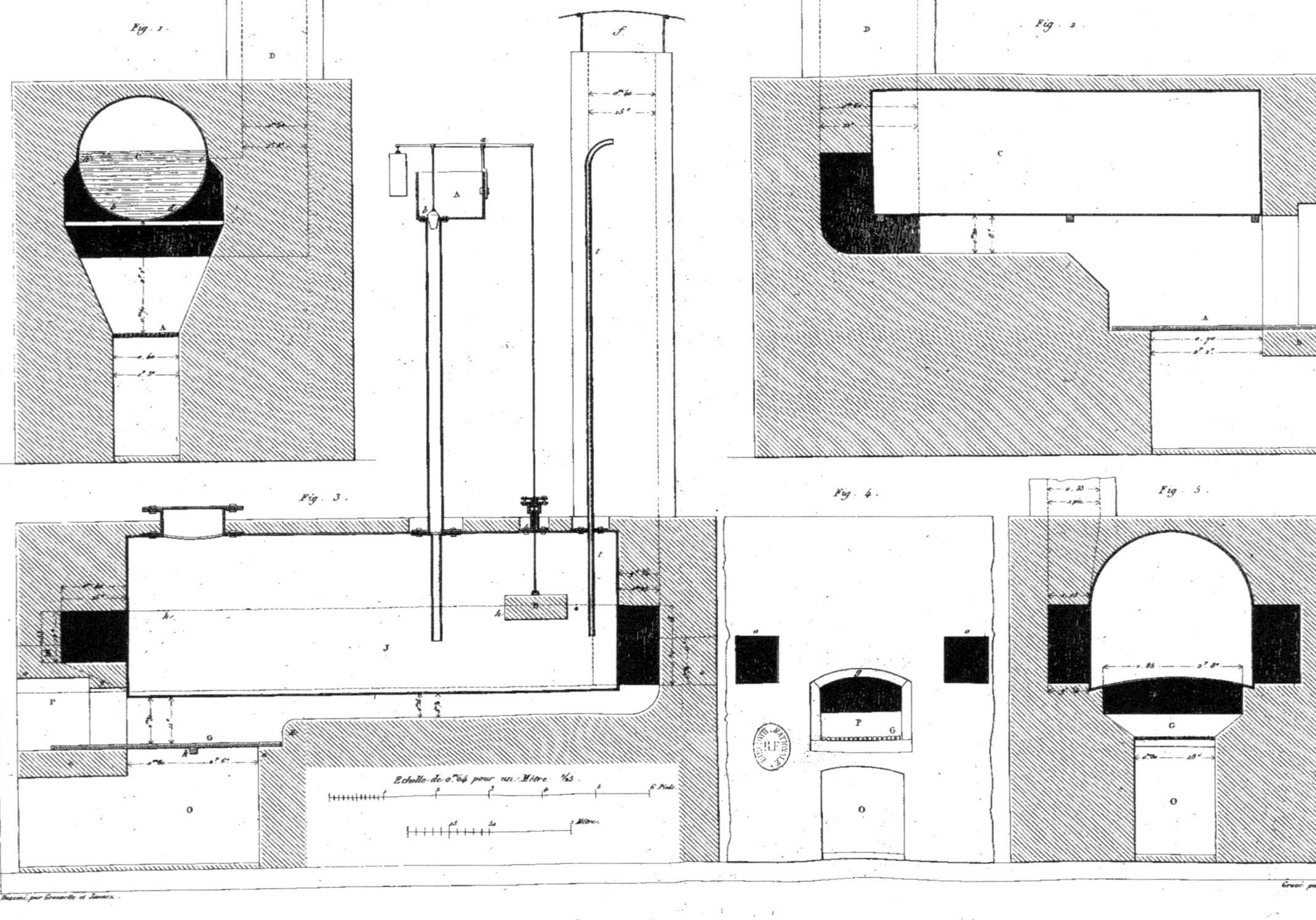
Fig. 1.
Fig. 2.
Fig. 3.
Fig. 4.
Fig. 5.
Echelle de 0m,04 pour un Mètre 1/25.
6 Pieds
1 Mètre

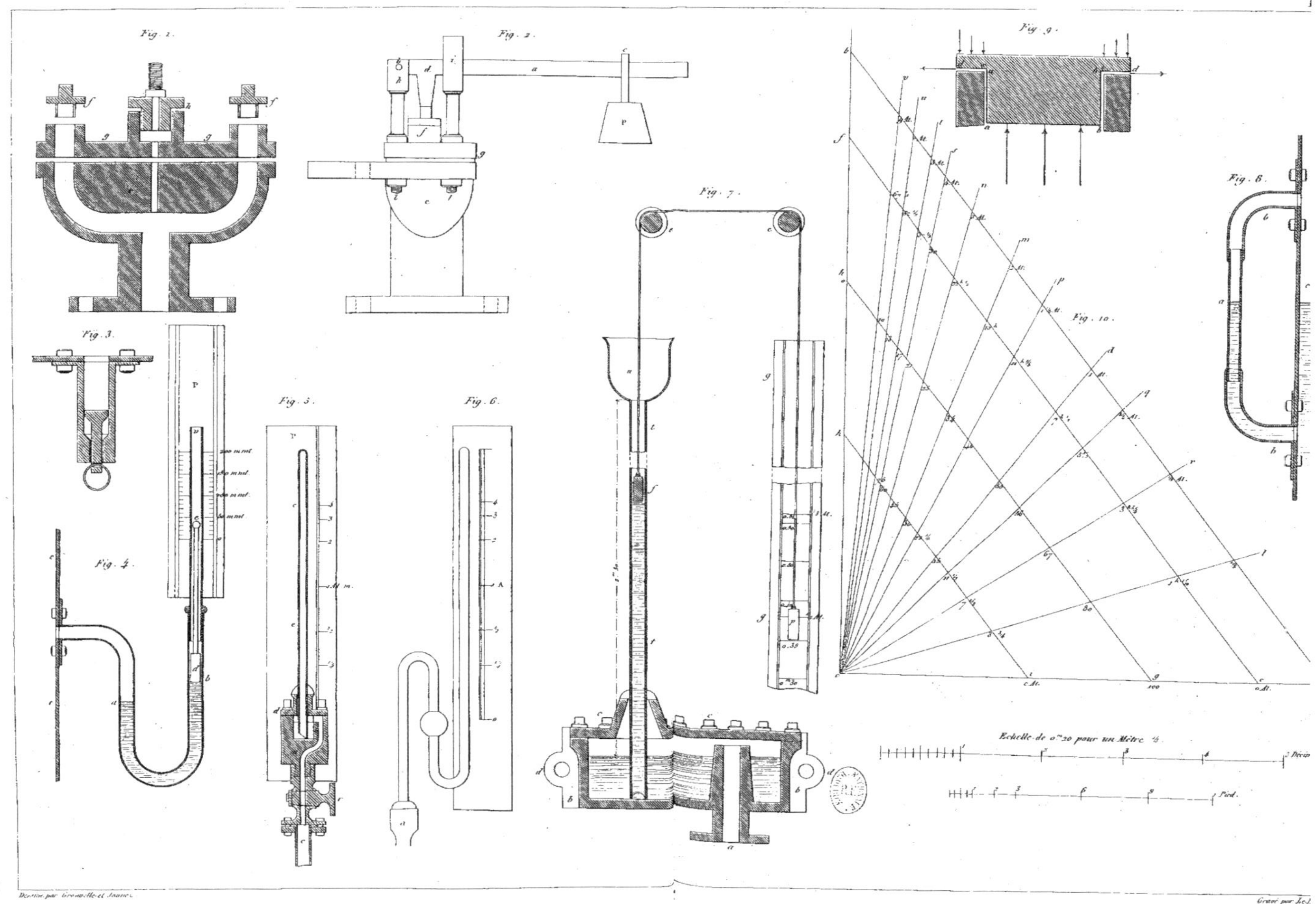
Fig. 1.
Fig. 2.
Fig. 3.
Fig. 4.
Fig. 5.
Fig. 6.
Fig. 7.
Fig. 8.
Fig. 9.
Fig. 10.
Echelle de 0m20 pour un Mètre
Pied.
Gravé par Le

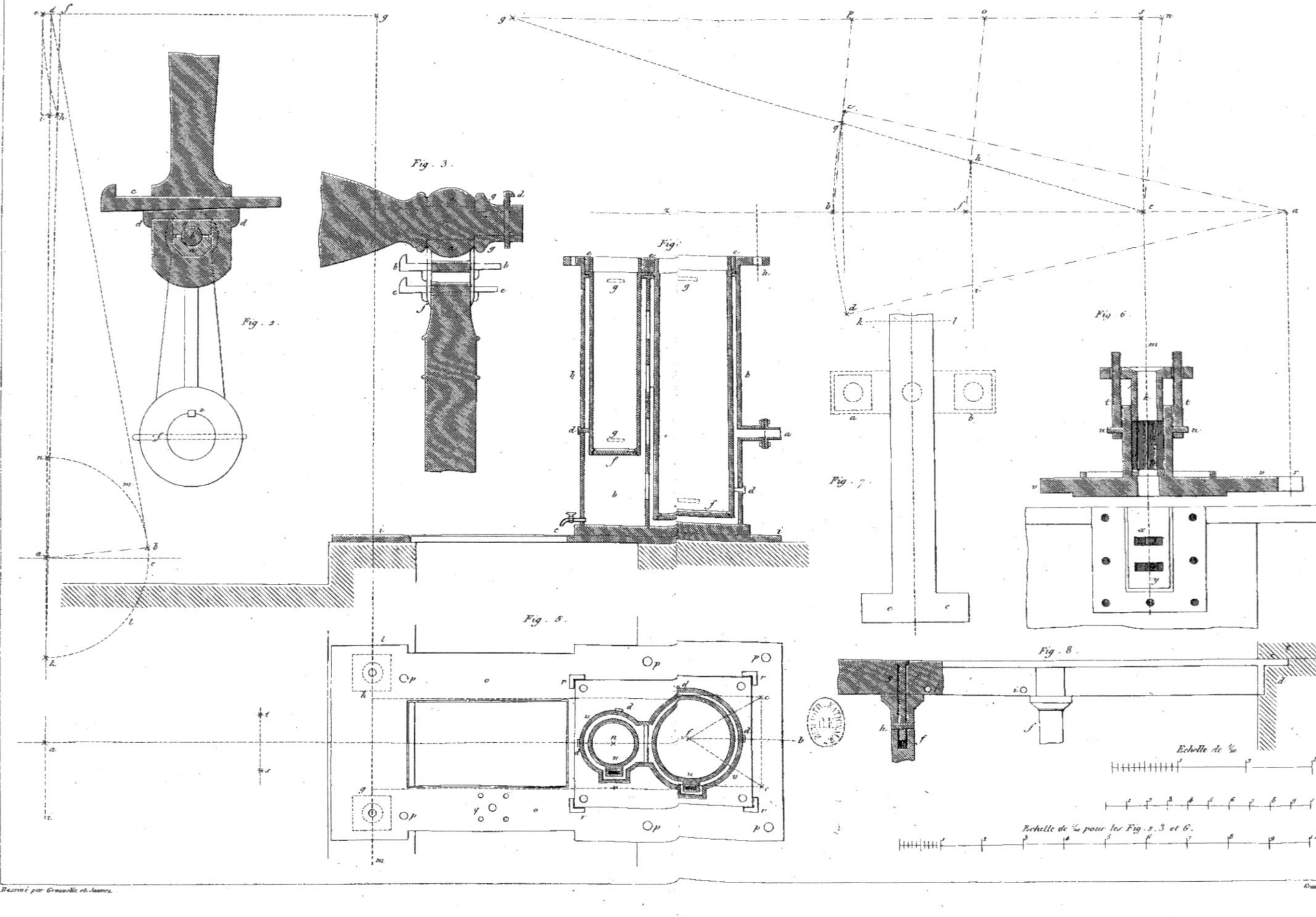

Fig. 2.
Fig. 3.
Fig.
Fig. 5.
Fig. 6.
Fig. 7.
Fig. 8.
Echelle de
Echelle de pour les Fig. 2, 3 et 6.

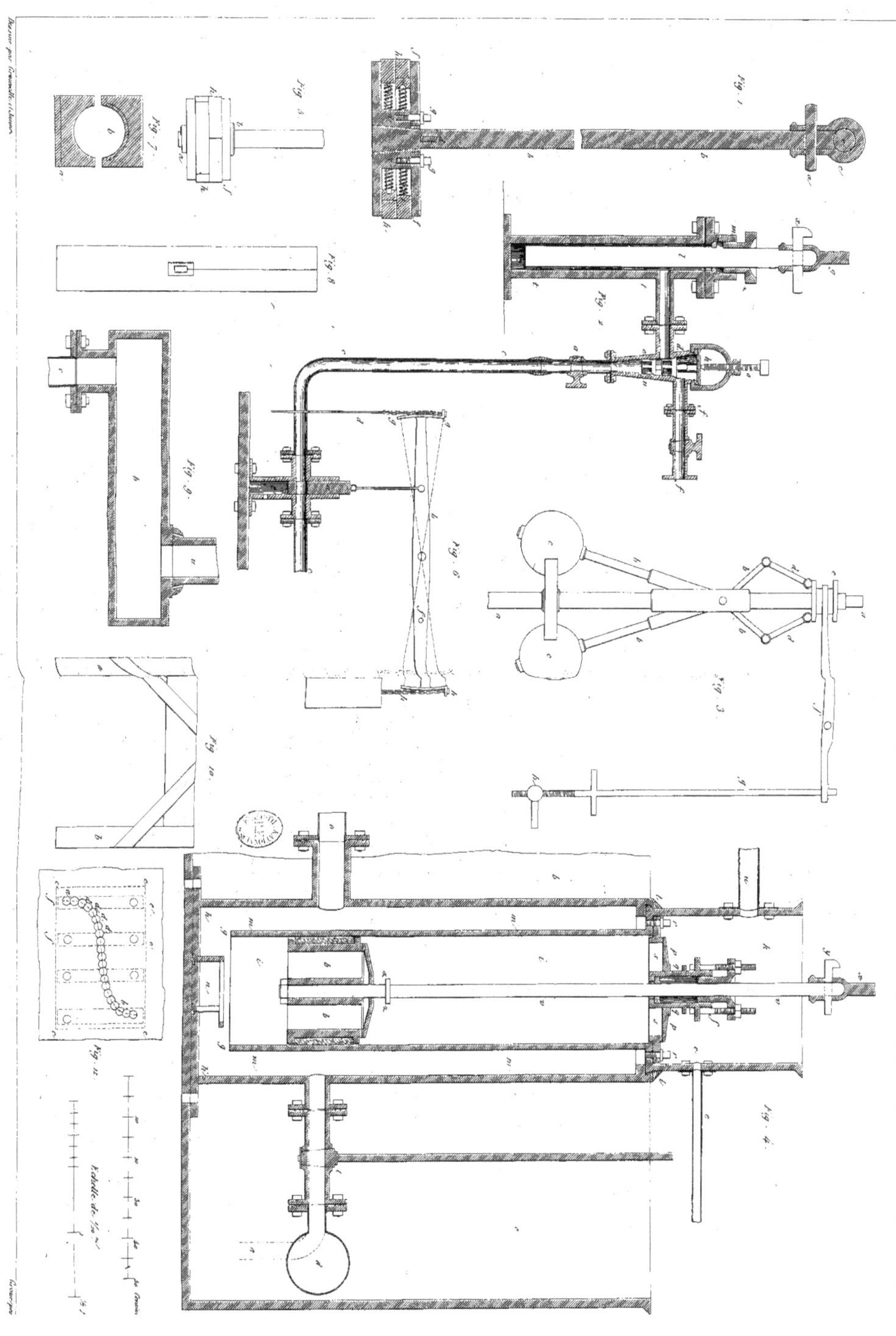

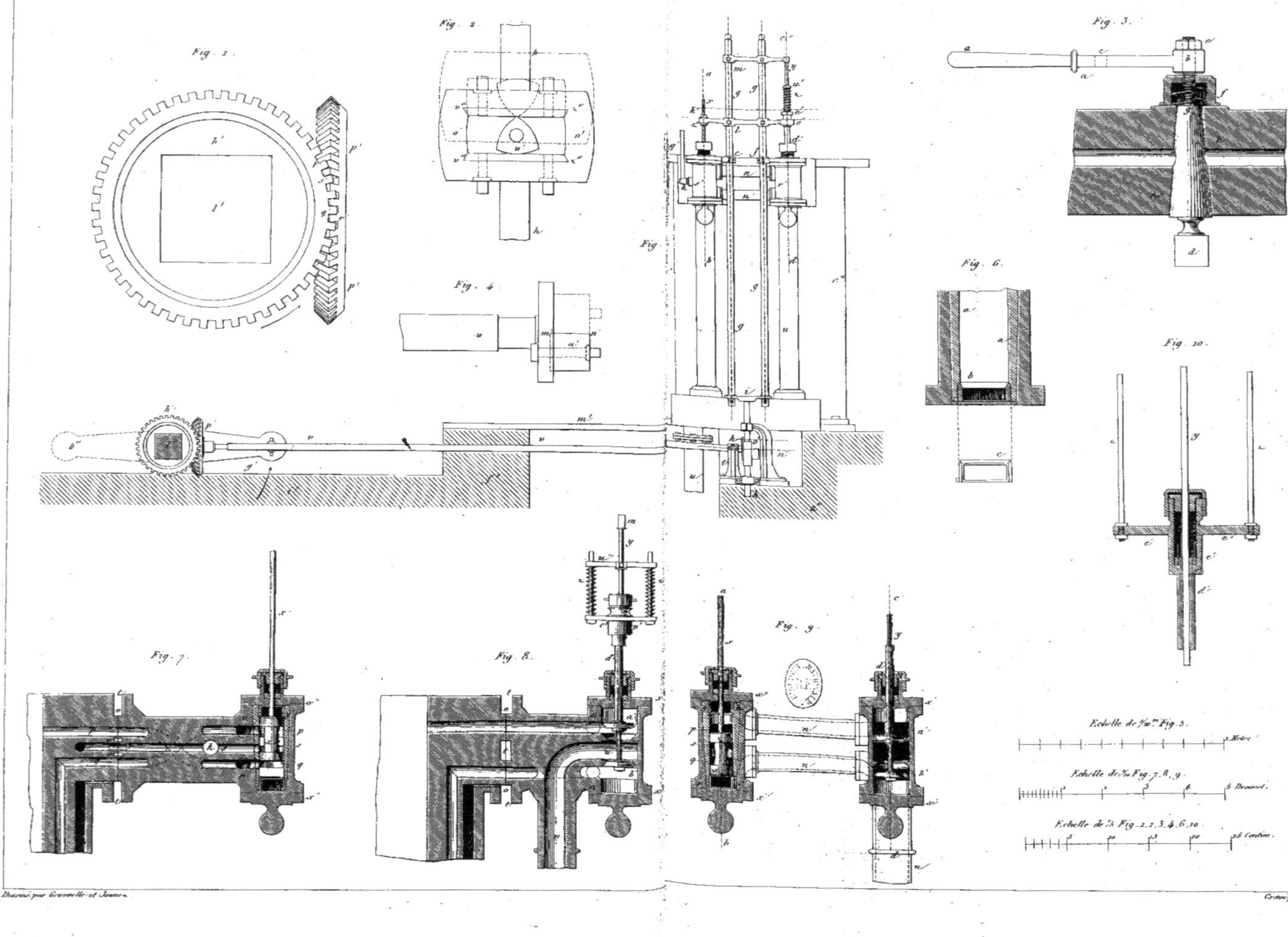

Dessiné par Grenelle et Jouen

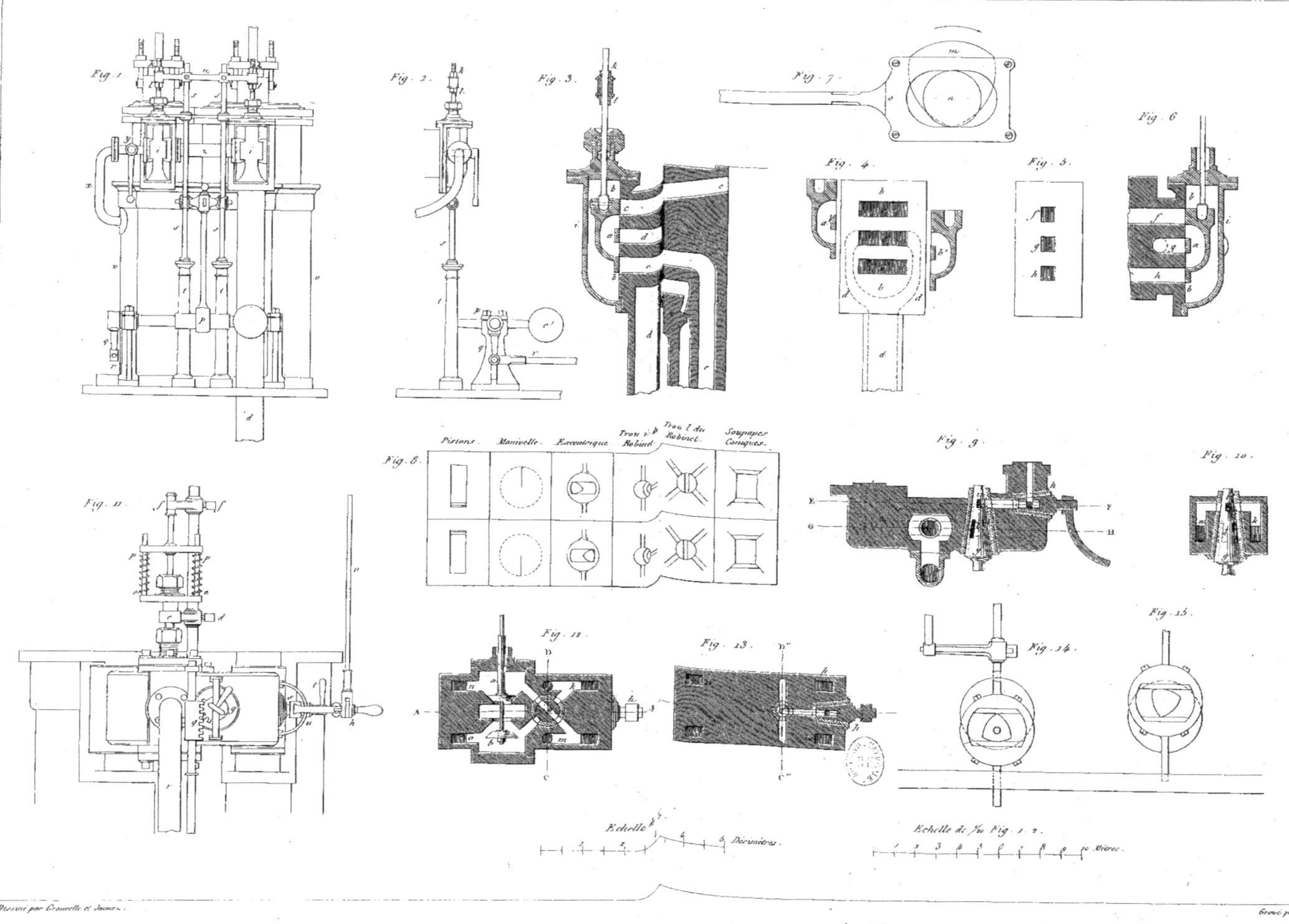

Dessiné par Grenville et Jeunes.
Gravé par Le

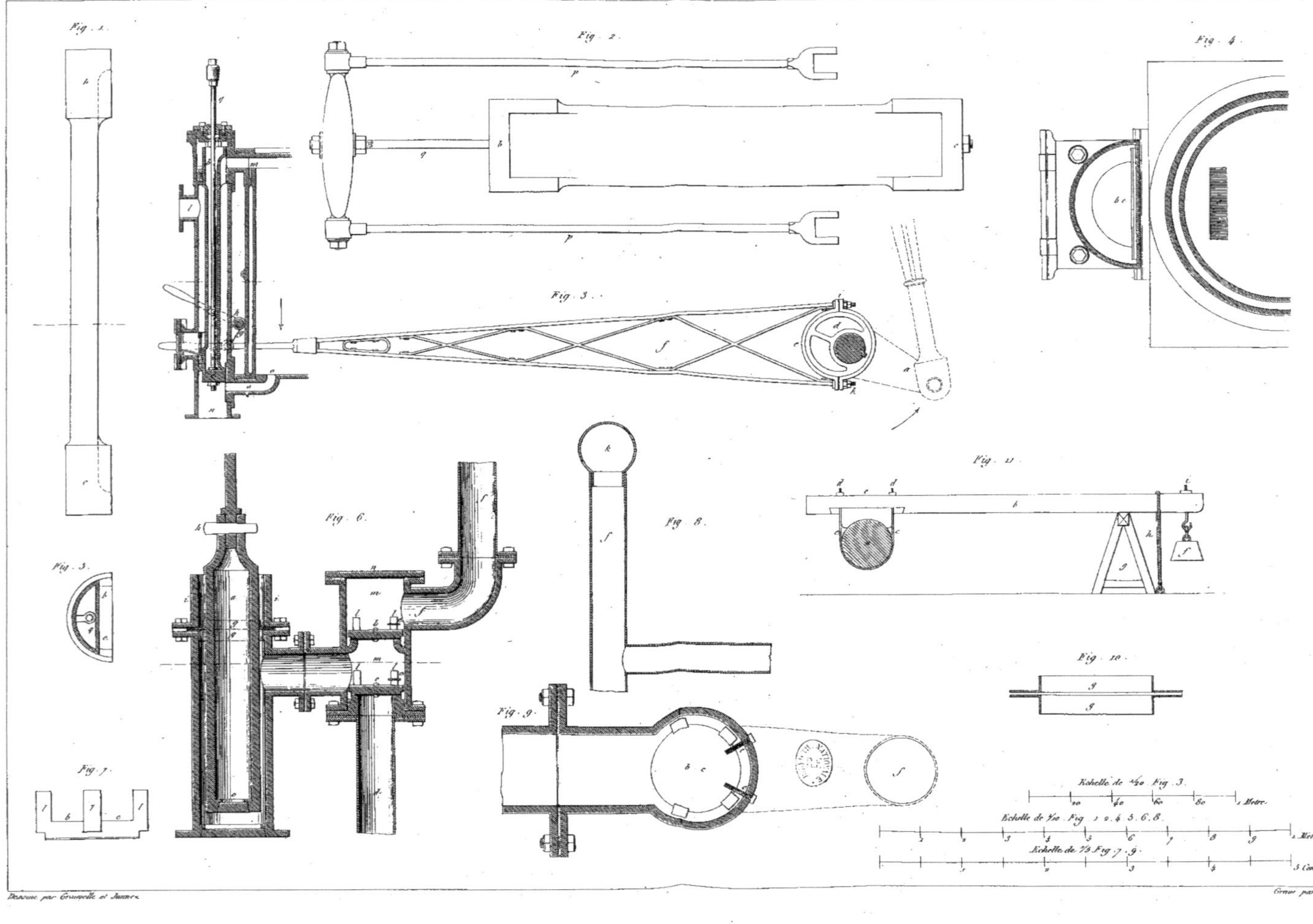

Dessiné par Grouvelle et Jaunez.

Gravé par

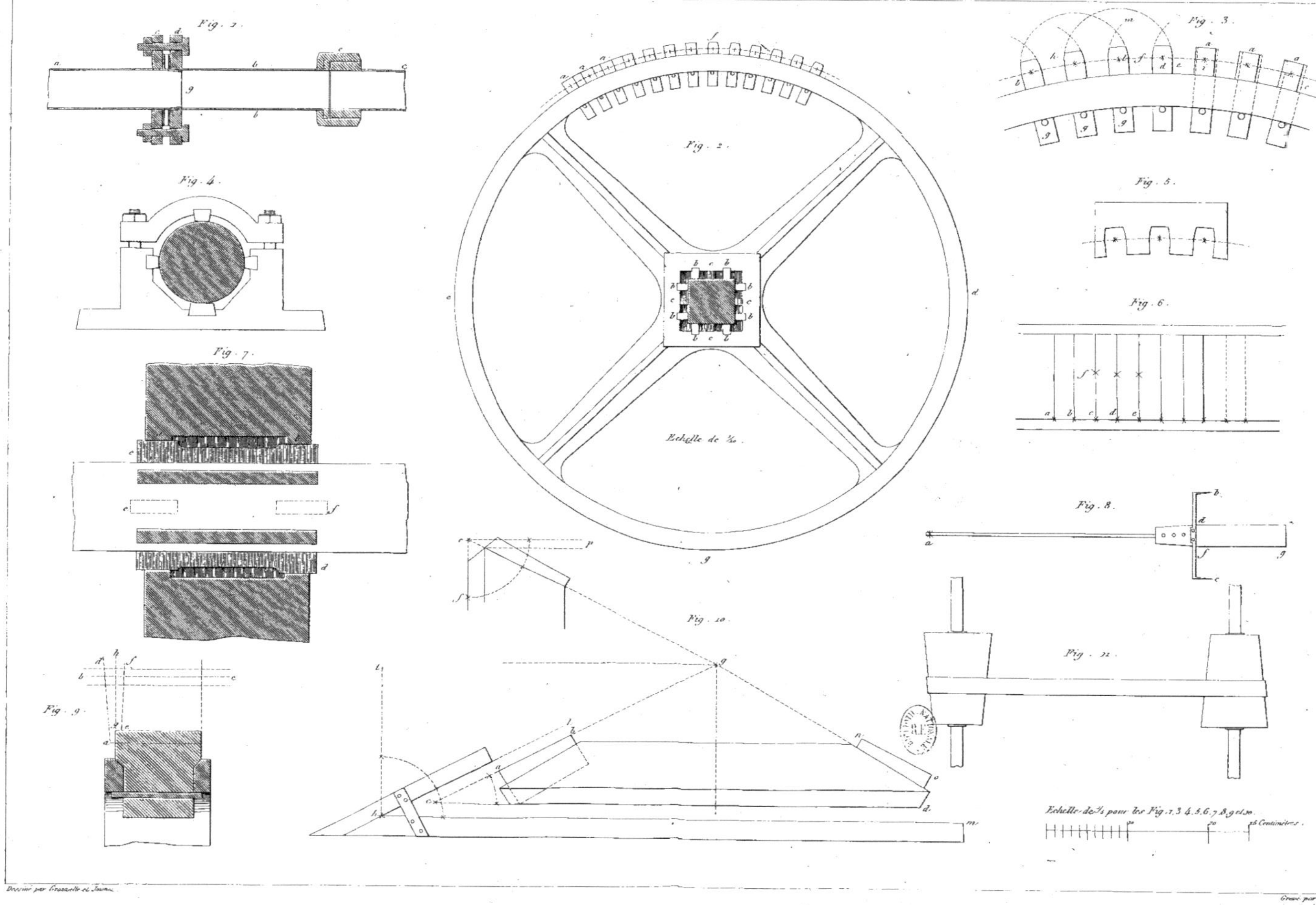

Fig. 1.
Fig. 2.
Fig. 3.
Fig. 4.
Fig. 5.
Fig. 6.
Fig. 7.
Fig. 8.
Fig. 9.
Fig. 10.
Fig. 11.
Echelle de 1/10.
Echelle de 1/5 pour les Fig. 1. 3. 4. 5. 6. 7. 8. 9 et 10.
Centimètres.
Dessiné par Grassotte et Jouma.
Gravé par L.

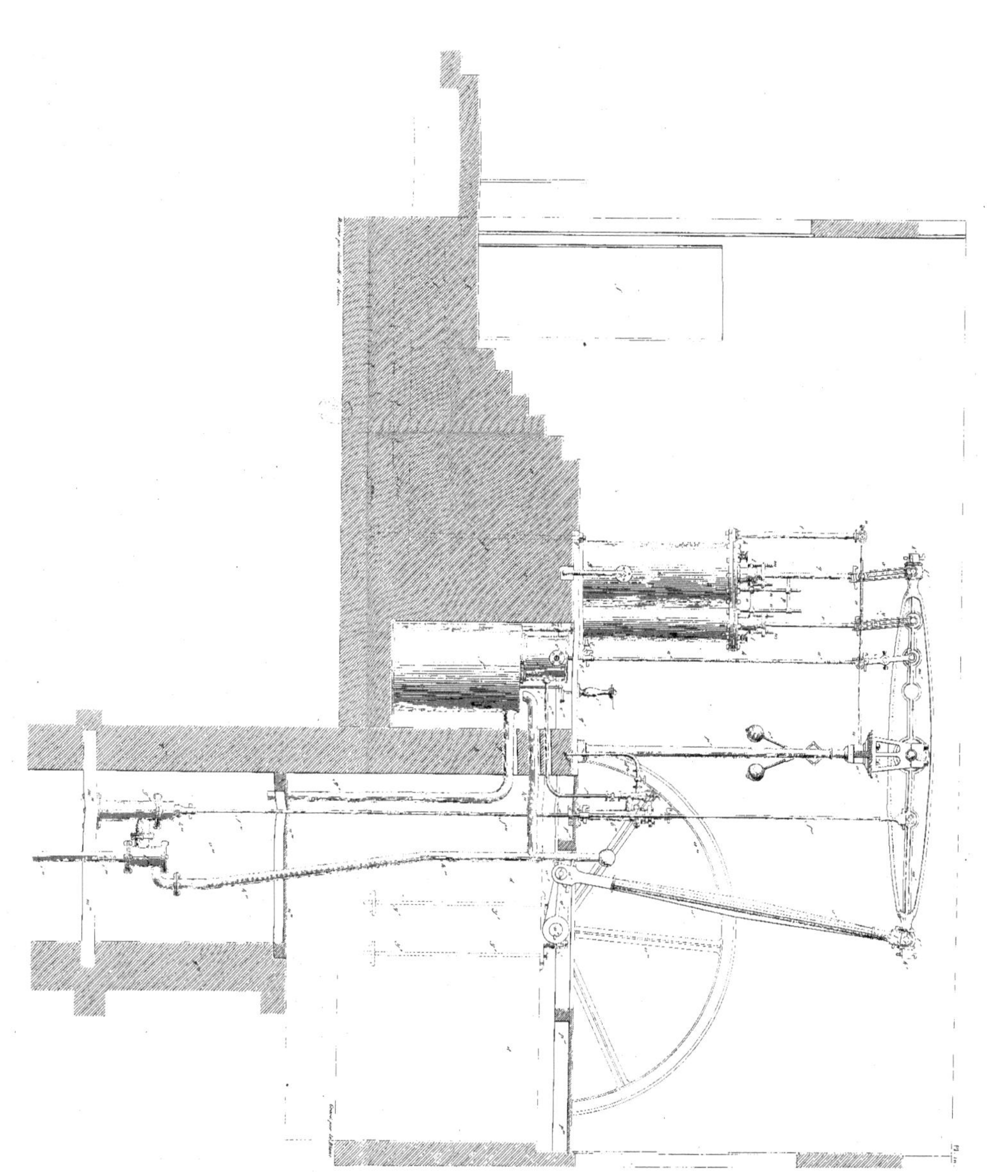

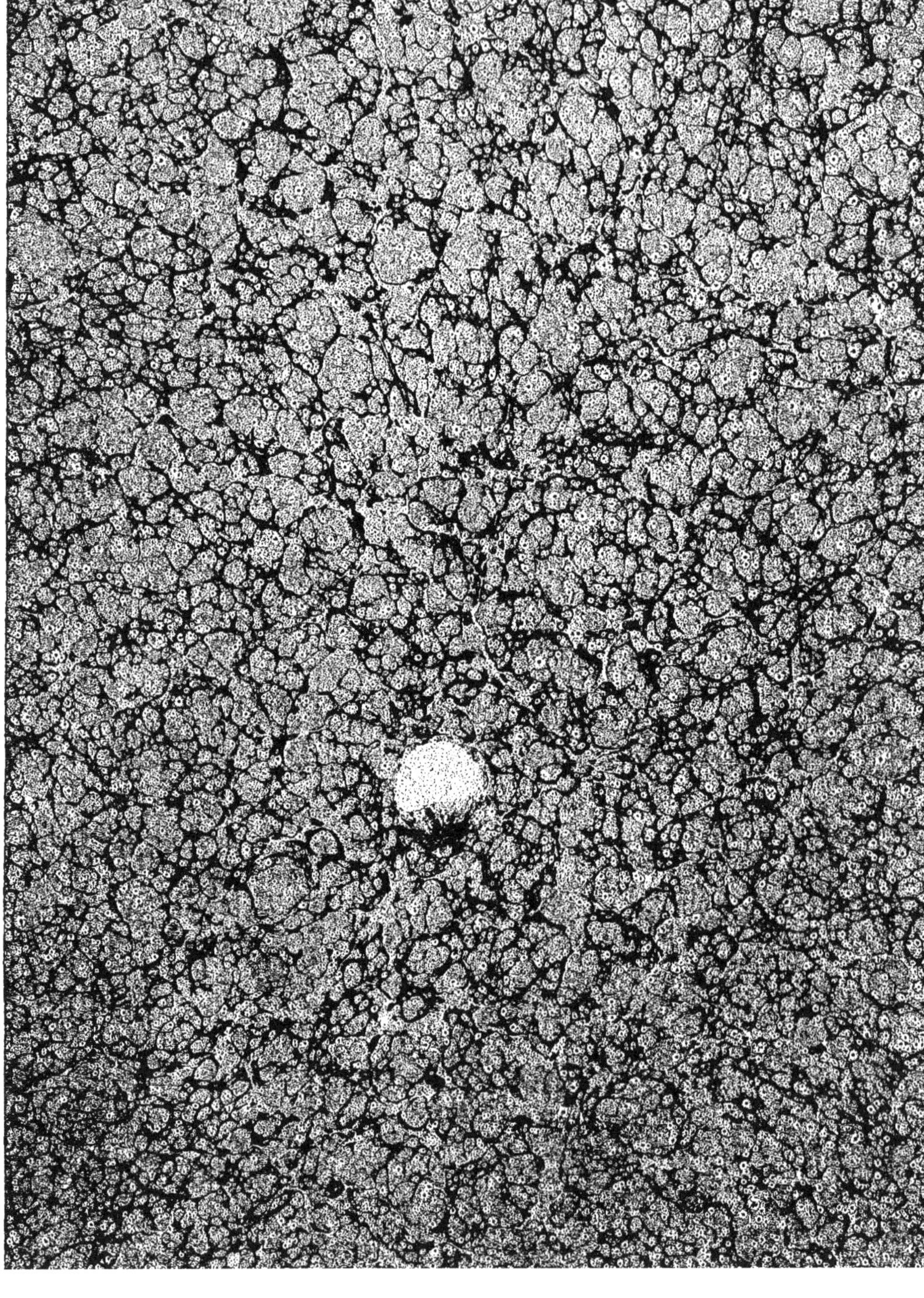

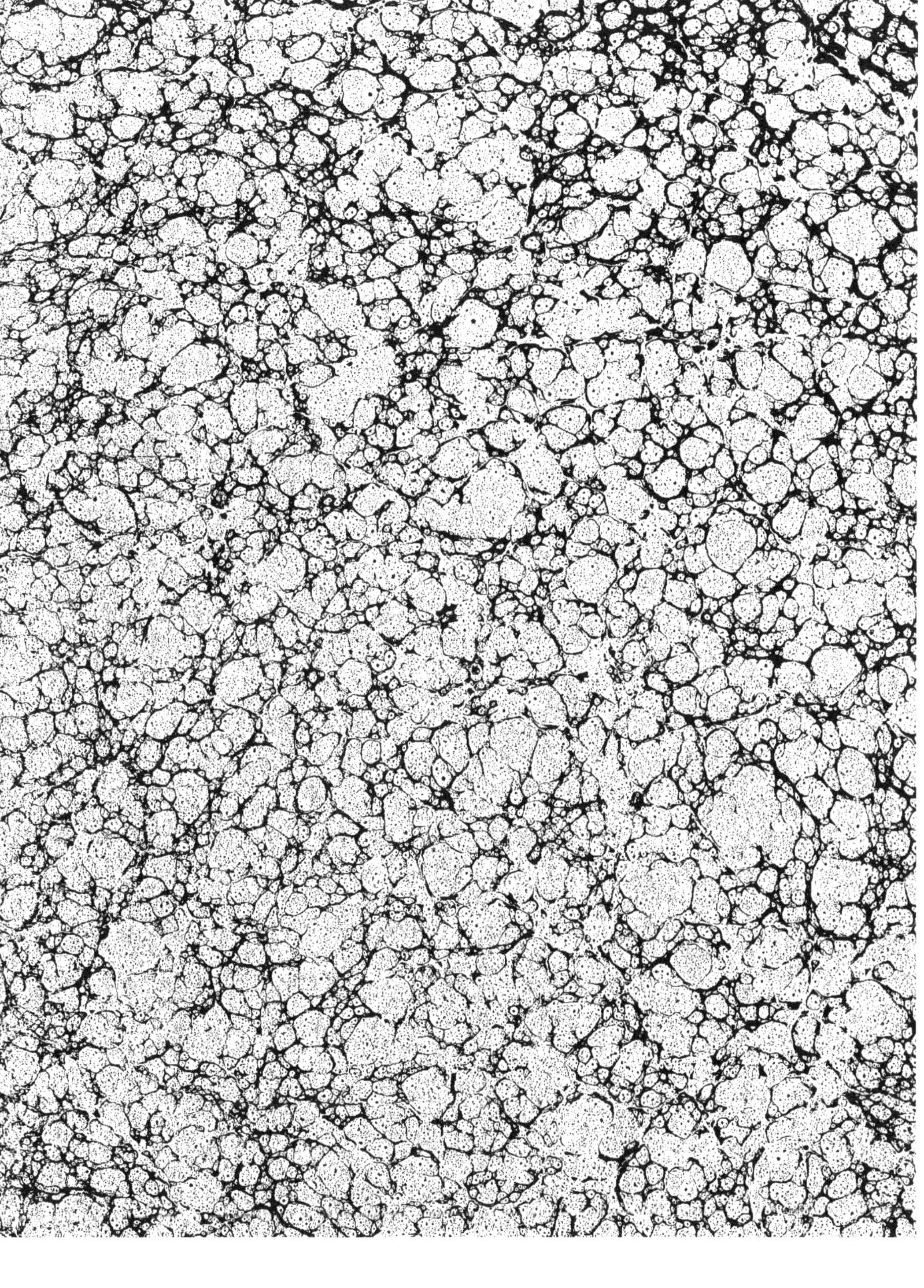

www.ingramcontent.com/pod-product-compliance
Ingram Content Group UK Ltd.
Pitfield, Milton Keynes, MK11 3LW, UK
UKHW012303240726
13966UKWH00004B/1590